Armin Täubner

Fröhliche Winterzeit

Kinderleichte Fensterbilder aus Tonkarton

frechverlag

Von dem bekannten Autor Armin Täubner sind im frechverlag zahlreiche weitere Bücher erschienen. Hier eine Auswahl:

TOPP 1850

TOPP 1979

TOPP 2113

TOPP 5005

TOPP 2112

TOPP 2241

Fotos: frechverlag GmbH + Co. Druck KG, 70499 Stuttgart; Fotostudio Täubner

Auflage: 5. 4. 3. 2. | Letzte Zahlen
Jahr: 2001 2000 1999 98 97 | maßgebend

frechverlag GmbH + Co. Druck KG, 70499 Stuttgart

ISBN 3-7724-2242-X · Best.-Nr. 2242

Druck: frechverlag GmbH + Co. Druck KG, 70499 Stuttgart

Advent, Advent, ein Lichtlein brennt ...

Wenn die erste Kerze angezündet wird, Plätzchenduft in der Luft liegt und die ersten Schneeflocken fallen, dann wird es höchste Zeit, auch die Fenster zu schmücken. In diesem Buch findet Ihr viele bunte und ganz unterschiedliche Motive, die Winter- und Weihnachtsstimmung ans Fenster zaubern.

Mit Hilfe der Schritt-für-Schritt-Anleitung lassen sich die Fensterbilder einfach nachbasteln. Ihr könnt auch verschiedene Motive kombinieren und Euch für die Fensterdekoration ganze Szenen ausdenken. Vielleicht treffen sich ja dann Hund und Katze im Schnee. Oder Hase und Reh bestaunen Benni und Stoffel, die beiden Schneemänner mit ihren flotten Mützen.

Viel Spaß beim Basteln!

Schritt-für-Schritt-Anleitung

1 Übertrage zunächst alle Teile des Motivs ohne Überschneidungen auf Transparentpapier.

2 Nun klebst Du das Transparentpapier auf einen dünnen Karton.

3 Dann schneidest Du die einzelnen Teile ganz exakt mit einer Schere aus – das sind Deine Schablonen.

4 Lege die Schablonen auf den Tonkarton der gewünschten Farbe. Nun werden die Umrisse sorgfältig mit einem spitzen Bleistift nachgezogen.
Wenn Du möchtest, daß sich Deine Figuren anblicken, legst Du die Schablone einmal spiegelverkehrt auf.

5 Schneide die einzelnen Teile in der benötigten Anzahl aus.

6 Abschließend klebst Du die einzelnen Teile zusammen – die Vorlagen und das Foto helfen Dir beim Anordnen der Teile. Die Gesichter und die Körperlinien werden mit schwarzem Filzstift aufgemalt. Zuletzt kannst Du mit Relieffarbe oder Stickmalfarbe noch weiße Punkte auf die Augen tupfen.

Kätzchen geht spazieren

Wenn Du dem Kätzchen den Schal umgelegt hast, kannst Du sein Gesicht aufmalen. Du zeichnest es am besten leicht mit Bleistift vor und ziehst dann die Linien mit einem feinen, schwarzen Filzstift nach.

Ein Häuschen im Schnee

Auf die rote Hauswand klebst Du zuerst das schneebedeckte Dach und dann die Tür und die Fenster. Das fertige Haus wird auf der Schneefläche befestigt.
Die weiße Tanne bringst Du so an, daß sie das Haus teilweise verdeckt.

Da geht die Post ab!

Vogel und Ski schneidest Du als ein Teil aus.
Klebe Schnabel und Auge auf. Den Schnabel trennst Du mit einem feinen, schwarzen Filzstiftstrich in zwei Hälften. Anschließend werden der Fuß und die Skibindung befestigt.
Zum Schluß bringst Du den Flügel samt Skistock an, die Abbildung zeigt zwei verschiedene Möglichkeiten.

Seltene Gäste am Futter-häuschen

Klebe das Schneedach auf das Futterhäuschen. Den Eichhörnchen werden noch die Gesichter aufgemalt, bevor sie um das Futterhäuschen herumtollen.

Benni und Stoffel

Zuerst wird der Schal angelegt, dann folgen die Rübennase und die Strohhaare. Die Mütze kannst Du dem Schneemann mit dem Schild nach vorne oder nach hinten aufsetzen. Abschließend wird noch der Stock an seinem Arm befestigt.

Udo, der kleine Uhu

Beim Abpausen des Rahmens verwendest Du am besten einen Zirkel. Ein kleines Kreuz markiert die Einstichstelle.

Sind alle Teile ausgeschnitten, klebst Du zuerst die Schneeflächen auf die Zweige.

Anschließend wird der Uhu zusammengeklebt. Seine Füße bekommt er aber erst, nachdem Du ihn von hinten am Zweig befestigt hast.

Wo sich Reh und Hase treffen

An den Köpfen von Reh und Hase werden leicht versetzt die Ohren angebracht. Klebe dem Hasen noch sein Schwänzchen an. Nun kannst Du die Gesichter aufmalen.

Ein Leckerbissen

ür die Vögel

Zeichne mit dem Zirkel auf weißen Karton einen Kreis mit dem Radius 4 cm. Radius nennt man den Abstand zwischen dem Kreismittelpunkt und der Kreislinie. Der zweite Kreis hat denselben Mittelpunkt, der Radius beträgt diesmal 7,5 cm. Schneide den Ring aus.

Die Körner auf dem Meisenring kannst Du mit braunen und gelben Filzstiften aufmalen. Die dunkelbraunen Körner sind ausgeschnitten und aufgeklebt – Du kannst sie natürlich ebenfalls aufmalen. Der Meisenring hängt an einem 1 cm breiten, schwarzen Tonkartonstreifen.

Bei den Vögeln werden Schnäbel, Flügel und Füße aufgeklebt. Die Augen kannst Du entweder aufmalen oder ausschneiden und aufkleben.

Teddy darf Schlitten fahren

An Teddys Körper werden die Arme und die Beine sowie das runde, weiße Schnauzenteil befestigt.
Nun kannst Du sein Gesicht aufmalen. Die weißen Punkte auf den Augen werden mit Stickmalfarbe aufgetupft.
Auf dem roten Schlitten liegt ein weiches, gelbes Kissen, auf dem Teddy jetzt Platz nehmen kann.
Das Schneefeld befestigst Du von hinten an dem Schlitten.

Teddy als Skifahrer

Nachdem Du Teddy den neuen Schal umgelegt hast, klebst Du das runde, weiße Schnauzenteil auf seinen Kopf. Nun wird sein Gesicht aufgemalt.
Anschließend befestigst Du die Skier samt Bindungen an seinen Füßen. Die Skistöcke an die Arme kleben und zum Schluß die runden Pfoten anbringen.

Bello und Bella

Zuerst legst Du dem Hund das Halsband um. Nun werden Ohr, Auge, Nase und Zunge angebracht.
Wenn es nicht so kalt ist, kannst Du auch auf die Mütze verzichten.

Bevor Du den Hund in den Schnee setzt, malst Du noch mit einem schwarzen Filzstift ein Lachfältchen in sein Gesicht. Den weißen Punkt im Auge tupfst Du mit Deckweiß oder Stickmalfarbe auf.

Schlitten-rennen

Am Körper werden von hinten Kopf und Stiefel angebracht. Anschließend klebst Du den Ärmel samt Hand und die Mütze an.
Mit einem feinen, schwarzen Filzstift malst Du das Gesicht auf. Zum Schluß setzt Du das Kind auf seinen Schlitten, der auf dem Schneefeld befestigt ist.

Vom Himmel hoch ...

Auf den Körper des Engels (durchgezogene Linie) klebst Du zuerst das Haarteil (gestrichelte Linie) und darauf das Gesichtsteil (gepunktete Linie). Male das Gesicht auf. Nun werden die Kerze und die Hände angebracht. Von hinten klebst Du die Flügel und die Füße an. Ein Engel hat einen Stern im Haar.

Advents-kerzen

Zeichne den Kerzenschein mit dem Zirkel auf gelben Tonkarton. Ein kleines Kreuz markiert die Einstichstelle.
An die Kerze klebst Du von hinten den Kerzenschein. Von vorne wird die Flamme angebracht.
Nun kannst Du die Kerze auf den Kerzenhalter kleben.

Adventszweig

Klebe an die Kerze von vorne die Flamme und von hinten den Kerzenhalter. Wenn Du willst, kannst Du noch einen schwarzen Docht aufmalen.
Die Kerze klebst Du zusammen mit zwei Sternen auf den Tannenzweig.

Zwei kleine Engel

Lege den Kopf direkt an das Kleid, und klebe den blonden Haarschopf auf. Nun werden die Flügel angebracht.
Du kannst entscheiden, ob Dein Engel steht oder geht.
Auch die Arme können entweder ausgestreckt sein, und in den Händen hält der Engel eine Kerze, oder die Arme hängen nach unten.

Fleißige Weihnachtsmänner

Lege das rosa Kopfteil in den Ausschnitt des roten Kapuzenmantels, und klebe das weiße Haar-Bartteil auf. Jetzt kannst Du das Auge aufmalen.
Verziere den Kapuzenmantel mit dem weißen, kreisrunden Bommel und dem Mantelsaum. Soll Dein Weihnachtsmann stehen oder gehen? Streckt er die Arme aus, oder hängen sie einfach nach unten? Das mußt Du selbst entscheiden.

Schneemann Berti als Weihnachtsbaum

Zuerst setzt Du Berti den schwarzen Hut mit dem gelben Band auf.
Anschließend werden das Gesicht, die Fliege und die Kohlenknöpfe aufgeklebt. Natürlich kannst Du das Gesicht auch mit Filzstiften aufmalen.
Zum Schluß werden noch die Kerzen an Bertis Armen und auf seinem Hut befestigt.